欧 洲 花 艺 名 师 的 创 意 奇 思

派对花艺

【比利时】《创意花艺》编辑部 编 周洁 译

欧洲花艺名师的创意奇思
派对花艺

图书在版编目（CIP）数据

欧洲花艺名师的创意奇思 . 派对花艺 / 比利时《创意花艺》编辑部编；周洁译 . -- 北京：中国林业出版社，2020.10
书名原文：Fleur Creatif Spring
ISBN 978-7-5219-0775-9

Ⅰ . ①欧… Ⅱ . ①比… ②周… Ⅲ . ①花卉装饰 – 装饰美术 Ⅳ . ① J535.12

中国版本图书馆 CIP 数据核字 (2020) 第 166169 号

著作权合同登记号　图字：01-2020-3150

责任编辑： 印 芳　王 全
电　　话： 010-83143632
出版发行： 中国林业出版社
　　　　　（100009 北京市西城区德内大街刘海胡同 7 号）
印　　刷： 北京雅昌艺术印刷有限公司
版　　次： 2020 年 10 月第 1 版
印　　次： 2020 年 10 月第 1 次印刷
开　　本： 787mm×1092mm 1/16
印　　张： 12
字　　数： 260 千字
定　　价： 88.00 元

目录

 春

- 008　苹果花丛中的生日聚会
- 018　用郁金香扮靓早春招待会
- 022　秀色可餐的餐桌
- 026　风信子春季餐桌
- 028　绿意环绕的春季餐桌花
- 032　与非洲菊一起大声说……
- 036　献给可爱宝宝希波吕忒的鲜花
- 040　洒满欢声笑语的春日餐桌
- 046　温馨的春日傍晚
- 048　清新洁白
- 050　餐桌旁的芍药花
- 052　欢迎来到复活节聚会
- 056　早春早餐会
- 058　愉快的鲜花生日聚会

 夏

- 066　盛夏大餐、阳光、沙滩
- 068　为夏季干杯
- 070　耀眼的金色餐桌
- 072　明媚欢快的儿童聚会
- 076　阳光明媚的生日聚会
- 082　夏花正灿烂
- 084　独享旱金莲
- 086　让我们开启聚会吧
- 088　夏日里的生日聚会
- 094　下午茶
- 096　夏日餐宴

 秋

- 102　鲜花和水果——完美的派对礼物
- 104　方形桌花
- 106　鲜花和苹果融合桌花
- 108　噼啪作响炉火旁的惬意时光
- 112　蘑菇窝中的玫瑰和浆果
- 114　南瓜节日造景
- 116　秋色叶树状桌花
- 118　户外篝火晚会桌花
- 120　秋季欢迎你
- 122　摆满水果的餐桌
- 128　躲猫猫
- 130　秋日欢聚
- 134　超自然的场景
- 136　精巧的桌面装饰
- 138　童话般的餐桌
- 142　鲜花盛开的树洞
- 144　秋日午餐
- 146　红紫相伴的鲜花水果桌花

 冬

- 152　圣诞派对
- 158　节日晚餐装饰
- 162　喜庆的圣诞色彩
- 164　携花登门的访客
- 166　一抹金色
- 168　简即是美
- 170　蓝绿色的圣诞节
- 172　花丛中的餐桌
- 174　自然风格的节日晚餐
- 176　闪烁发光的树
- 178　松果蛋糕
- 182　飞雪如花落餐桌
- 186　愉悦的烛光晚餐

- 190　设计师介绍

苹果花丛中的生日聚会

花艺设计 / 夏洛特·巴塞洛姆

来苹果花丛中，来一场生日聚会，踏青寻春。

难度等级：★★☆☆☆

蛋糕桌花

花艺设计 / 夏洛特·巴塞洛姆

材料 *Flowers & Equipments*

石竹、万带兰、玫瑰、金丝桃、欧洲荚蒾、桑皮纤维

木块、粗铁丝、铝线、蛋糕杯形花泥、硬卡纸、胶枪、电钻、万带兰用鲜花营养管

步骤 *How to make*

① 将细卡纸条用胶粘在塑料蛋糕杯形花托外表面。
② 用电钻在彩色木块上钻一个洞，洞的大小与粗铁丝的直径一样。
③ 用与彩色木块颜色相同的桑皮纤维将粗铁丝和铝线包裹。
④ 将粗铁丝插入钻好的孔洞中，然后将其弯成环状用来支撑住蛋糕杯形花托。
⑤ 用铝线缠绕装饰粗铁丝。
⑥ 插入各色鲜花。

难度等级：★☆☆☆☆

缤纷花环

花艺设计 / 夏洛特·巴塞洛姆

步骤 How to make

① 将桑皮纤维缠绕包裹在铁环外表面，用热熔胶粘牢固定。
② 将大号玻璃鲜花营养管悬挂在铁环中间。
③ 将郁金香插入营养管中。

材料 *Flowers & Equipments*
郁金香、桑皮纤维
铁环、大号玻璃鲜花营养管、彩色细铁丝、热熔胶

难度等级：★★★☆☆

花艺设计／夏洛特·巴塞洛姆

泡泡屋旁吹泡泡

步骤 *How to make*

蛋形装饰物的制作方法

① 将水灌入气球中把气球撑大，撑到气球悬挂起来呈水滴状。
② 用石膏将气球表面覆盖住，然后在中间留一个小洞。
③ 把石膏晾干，然后在石膏蛋的底部打一个小洞。
④ 将一根长毛线从孔洞中穿过，然后在石膏蛋内系个结，这样就可以将它们悬挂起来了。
⑤ 在石膏蛋内铺设一层毛毡和卷曲的桑皮纤维。
⑥ 将塑料鲜花营养管塞入石膏蛋中，并用胶粘牢。
⑦ 在营养管中插入万带兰，并点缀上一些藤蔓枝条。

彩树的装饰方法

① 在花盆中放入花泥，然后将从花园中剪下的枝条插入其中，这样一棵漂亮的小树就制作好了。
② 在树枝之间铺上垫状苔藓，将露出的花泥遮盖住。
③ 将制作好的彩蛋挂在小树枝条上。

材料 *Flowers & Equipments*

万带兰、藤蔓植物、垫状苔藓、从花园中剪下的枝条、桑皮纤维
大号花盆、花泥、气球、石膏条、毛线、毛毡、小号塑料鲜花营养管

难度等级：★★☆☆☆

创意春季小盆栽

花艺设计 / 夏洛特·巴塞洛姆

材料 *Flowers & Equipments*

石竹、垫状苔藓

铁制底座、铁棒、绿色拉菲草、彩色塑料花盆、铁丝、喷漆、花艺专用防水胶带

步骤 *How to make*

① 将铁制底座和铁棒喷涂成绿色。
② 将粗铁丝弯折成杏核形，用胶带固定，并喷涂成绿色。
③ 将所有弯折成形的铁丝连接在一起，并用绿色的拉菲草包裹覆盖。
④ 未成形的铁丝也需用拉菲草包裹覆盖，将所有处理好的铁丝造型固定在底座上，网状架构制作完成。
⑤ 将4个花盆放置在由铁丝制作成网状架构中。
⑥ 将观花植物石竹种植在花盆中，并用垫状苔藓覆盖盆土表面，将盆栽装饰整洁。

用郁金香扮靓早春招待会

花艺设计 / 斯汀·西玛耶斯

难度等级：★★☆☆☆

| 材料 *Flowers & Equipments*
郁金香、干燥圆叶尤加利
PET 塑料瓶、铁丝网、花艺专用胶带、胶枪、花泥 |

 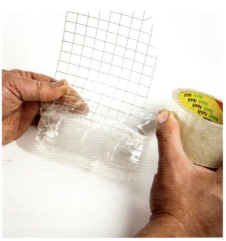

步骤 *How to make*

① 将瓶子的顶部剪掉。
② 用花艺专用胶带将剩余的部分包好，同时将一小块铁丝网包在一起。
③ 将铁丝网弯折成波浪状。
④ 用胶带将架构整体粘牢，同时用干燥圆叶尤加利将外表面完全粘贴覆盖。
⑤ 在 PET 塑料瓶中塞入一块花泥，然后就可以插放郁金香了。
小贴士：也可以用废弃的易拉罐来替代 PET 塑料瓶。

秀色可餐的餐桌

花艺设计 / 安尼克·梅尔藤斯

难度等级：★★☆☆☆

材料 Flowers & Equipments
洋甘菊、金槌花
半球形聚苯乙烯树脂块、喷漆、毛毡线、颗粒细小的种子、凤头麦鸡鸡蛋

步骤 How to make

① 将半球形聚苯乙烯树脂块的顶部切下，然后用喷漆涂成想要的颜色。
② 用毛毡线钩出一圈花边，来装饰制作好的容器边沿。
③ 将颗粒细小的种子倒入这个制作好的碗形容器中，铺好一层，然后将凤头麦鸡鸡蛋一切两半，轻轻地放在种子上。
④ 将洋甘菊花朵和金槌花放入蛋壳中。

难度等级：★☆☆☆☆

风信子春季餐桌

花艺设计 / 汤姆·德·豪威尔

材料 *Flowers & Equipments*
葡萄风信子、万带兰、竹环
卷状铁丝、细颈花瓶

步骤 *How to make*

① 将竹环按照设计好的形状摆放在桌子上。
② 用卷状铁丝将各个竹环接触的部位系在一起。
③ 将几只花瓶放在桌子上,倒入水,然后将制作好的竹环架构放置在花瓶的瓶颈部。
④ 在花瓶中插入葡萄风信子,并搭配点缀几支万带兰鲜花。

绿意环绕的春季餐桌花

花艺设计 / 汤姆·德·豪威尔

难度等级：★★☆☆☆

材料 *Flowers & Equipments*

花毛茛、玫瑰、康乃馨、唐棉
塑料花泥碗、矩形叶脉的青草叶、双面胶、毛毡线

步骤 *How to make*

① 将双面胶粘贴在花泥碗的外表面。
② 将矩形的叶脉的青草叶裁切成所需的长度。
③ 将它们按压在双面胶上。
④ 一圈全部贴完之后，用双面胶再环绕花泥碗的外表面粘一圈。
⑤ 在双面胶上再按压一层青草叶。
⑥ 重复步骤4和步骤5，直到叶片的厚度适宜为止。
⑦ 现在，用颜色相匹配的毛毡线将基座缠绕起来。
⑧ 最后将各式花材插入花泥中。

与非洲菊一起大声说……

花艺设计 / 安尼克·梅尔藤斯

难度等级：★★☆☆☆

> **材料** *Flowers & Equipments*
>
> 钢草、非洲菊
>
> 彩色木制方块（2种不同尺寸）、薄木板、树皮条

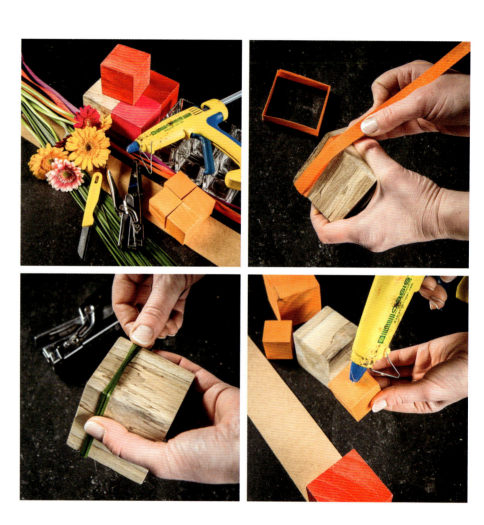

步骤 *How to make*

① 就像一列小火车一样将彩色木方块连接起来，然后将它们一起粘贴在薄木板上。
② 将可折弯的树皮条切断，用U形钉将它们固定在木方块的四个角上。钢草也按同样的操作方法固定在方块上。
③ 将矩形广口瓶推入由树皮条围成的框架中，在瓶子中插入鲜花。

献给可爱宝宝希波吕忒的鲜花

花艺设计 / 夏洛特·巴塞洛姆

难度等级:★★☆☆☆

> **材料** Flowers & Equipments
>
> 玫瑰、万带兰、淡绿色欧洲荚莲、绣球、花毛茛、石竹、素馨花
> 聚苯乙烯泡沫塑料基座、毛毡、木条、橙色柳条、花泥、塑料纸、热熔胶、塑料尖头鲜花营养管

步骤 How to make

① 用胶枪将木条、毛毡条和橙色柳条交替地粘贴在聚苯乙烯泡沫塑料基座双侧外表面。
② 取一大块毛毡条,将其粘贴在基座的底部,其长度一直延伸至能包裹住基座两端的侧面。
③ 在基座上部铺一层塑料纸衬垫,然后再放入花泥。
④ 用各式鲜花装饰基座,最后再点缀上一些藤本植物的枝条。

洒满欢声笑语的春日餐桌

花艺设计 / 安尼克·梅尔藤斯

春意盎然的花园里，孩子们寻找着鸟屋和彩蛋，餐桌旁洒满欢声笑语，家人朋友围坐，庆祝孩子们又一岁成长

难度等级：★☆☆☆☆

小鸟屋桌花

花艺设计 / 安尼克·梅尔藤斯

材料 Flowers & Equipments

葡萄风信子、小白菊、橙红色风信子、绿色洋桔梗、铃兰、勿忘草

曲线形聚苯乙烯板材、蓝绿色包装纸、壁纸胶、木块、玻璃瓶、鸟屋、心形装饰品、稻草、迷你钟形玻璃罩

步骤 How to make

① 将蓝绿色的包装纸用壁纸胶粘贴在曲线形聚苯乙烯板表面。
② 将小木块排列粘贴在曲形板上。
③ 将小玻璃瓶环绕曲形板放置，里面插满各色欢快舞动的春季时令鲜花。
④ 最后，放上几个趣味十足的小鸟屋、心形装饰品、迷你玻璃钟罩，并点缀一点稻草，整个作品完成。

难度等级：★☆☆☆☆

寻找鸟屋

花艺设计／安尼克·梅尔藤斯

材料 *Flowers & Equipments*
掌叶铁线蕨、花毛茛
柳条、竹竿、彩蛋、鸟屋

步骤 *How to make*

① 用竹竿和柳条制作篱笆。
② 然后将鸟屋和彩蛋系在篱笆上。
③ 将水注入彩蛋壳中，然后插入花毛茛。

难度等级：★★★★☆

温馨的春日傍晚

花艺设计 / 菲利浦·巴斯

材料 *Flowers & Equipments*

竹子、黄色嘉兰、黄色万带兰、淡绿色欧洲荚蒾、金槌花、羊毛羽衣草、白色香豌豆
涂料、2种粗细不同的柳条、绿色沙子、玻璃鲜花营养管

步骤 How to make

① 将竹子劈成两半，涂上白色颜料。制作几只支撑脚，每段竹筒的底端放置2只，这样竹筒就不会滚动。在竹筒底部撒上一些绿色沙子。
② 取2种粗细不同的柳条，制作一些小圆环，然后用胶将它们粘在竹筒上，再将玻璃鲜花营养管直接粘在架构上。
③ 将鲜花插入营养管中。
④ 垂直摆放的架构制作方法相同，将竹筒垂直粘在铁架子上，圆形的一面朝前。用胶水将柳条圆环粘在竹筒上，确保顶部牢固。然后再粘上鲜花营养管，最后插入鲜花。

材料 Flowers & Equipments
树枝、白色香豌豆、垂枝桦花枝、包装纸、白色喷漆、木工胶、绑扎线、鲜花营养管

难度等级：★★☆☆☆

清新洁白

花艺设计 / 斯汀·西玛耶斯

步骤 How to make

① 将树枝喷涂成白色，然后绑在一起。
② 可以将鲜花营养管也喷涂成白色。
③ 用刷子和快干胶水将包装纸覆盖一些树枝。
④ 在树枝上钻几个洞，用来插放并固定鲜花营养管。
⑤ 分别插入香豌豆鲜花以及垂枝桦花枝。
⑥ 在固定整个架构的底座上面撒些沙子。

难度等级：★★☆☆☆

餐桌旁的芍药花

花艺设计 / 斯汀·西玛耶斯

材料 Flowers & Equipments
耧斗菜、香豌豆、芍药、淡粉色玫瑰、鼠尾草、紫藤、白色铁线莲
绝缘板或木板、木制水果托盘、花泥、衬纸、绑扎胶带或铁丝

步骤 How to make

① 取一块绝缘板或木板。
② 将花泥浸湿，然后在面板上选取3个位置，附上湿花泥。在面板背面系上铁丝后直接挂在墙上，或直接用绑扎胶带（防水胶带）将面板固定在墙上。
③ 将薄木制水果托盘切成若干小方块，将这些小方块排列粘贴在整个面板表面，留出一些空白摆放花枝。
④ 将花材插入花泥。

欢迎来到复活节聚会

花艺设计 / 夏洛特·巴塞洛姆

复活节的聚会上,绿色的桌花透露出生命力气息。

难度等级：★★★★☆

材料 *Flowers & Equipments*
干燥圆叶尤加利、金枝梾木枝条、桑皮纤维、万带兰、花毛茛、火龙珠、绣球、玫瑰、淡绿色欧洲荚蒾
绝缘板、热熔胶、花泥、聚苯乙烯泡沫塑料半圆体

步骤 *How to make*

① 用热熔胶将干燥圆叶尤加利粘贴在绝缘板外表面。
② 将金枝梾木枝条插入板材两侧边，确保插入的枝条位于一条直线，然后将每根枝条向板材中心弯折。弯折后枝条另一端的落点，以及弯折成拱形后的高度应不尽相同，错落有致。
③ 用桑皮纤维将聚苯乙烯泡沫塑料半圆体装饰漂亮，制作成容器。
④ 将花泥放入容器中，并插入鲜花。
⑤ 然后将这些制作好的一盆盆鲜花摆放在枝条丛顶端。

早春早餐会

花艺设计 / 安尼克·梅尔滕斯

在明媚的晨光里,享用鲜花环绕的早餐会。

难度等级：★☆☆☆☆

花帽子

材料 Flowers & Equipments
诚实花角果、银扇草果、经染色和干燥处理的澳洲米花
壁纸胶、树脂玻璃碗

步骤 How to make

① 用诚实花角果覆盖在树脂玻璃碗表面，制作成帽子的形状。将它们刷上壁纸胶，然后晾干。
② 还可以沿帽子的边沿粘上一圈经染色和干燥处理的澳洲米花。
③ 等花材完全干燥后，取下树脂玻璃碗，这顶花帽就做好了。

难度等级：★☆☆☆☆

盆栽桌花

材料 Flowers & Equipments
小型春季时令花卉：黄水仙、葡萄风信子、淡绿色欧洲荚蓬、滨菊、花毛茛
泥炭花盆、蛋壳碎屑、稻草、冷固胶、花泥、塑料薄膜、鸡蛋、鹌鹑蛋

步骤 How to make

① 将花泥用塑料薄膜包好，塞入泥炭花盆中，以防止泥炭花盆被水浸湿而变形。
② 用冷固胶将蛋壳碎屑和稻草粘在花盆边沿。
③ 将各式春季时令花朵插入塞有花泥的花盆中，在其他无花泥的花盆里放上几枚鸡蛋、鹌鹑蛋或稻草。

愉快的鲜花生日聚会

花艺设计／夏洛特·巴塞洛姆

朋友们在生日聚会上品尝甜美的蛋糕，粉色调的花朵营造了温馨的气氛。

难度等级：★★★☆☆

华丽多姿的花束

花艺设计 / 夏洛特·巴塞洛姆

材料 *Flowers & Equipments*
玫瑰、花毛茛、淡粉色非洲菊
铁丝、黄麻布、包纸铁丝、细绳、古塔胶、胶枪

步骤 *How to make*

① 用铁丝制作花束托架。将铁丝弯成 2 个圆环，一个直径大，另一个直径小一些。用铁丝将 2 个圆环连接在一起，始终保持 2 个圆环之间每个点的距离都相等。
② 为花束制作手柄，取 4 根铁丝，将其分别固定在 2 个圆环中较小的圆环上。
③ 将黄麻布裁成带状，沿着相同的方向粘贴在花束托架外表面，制作出一个可爱的花冠。
④ 制作一束漂亮迷人的花束，插入花束托架中。

难度等级：★★★★☆

花彩桌旗

花艺设计／夏洛特·巴塞洛姆

> **材料** *Flowers & Equipments*
>
> 香豌豆、花毛茛
> 5个长方形桌花设计专用带托盘花泥（1个长的，4个小号的）、黄麻布胶带、鹌鹑蛋、羽毛、胶枪、原木色包纸铁丝、粉色毛毡、长孔针眼针

步骤 *How to make*

① 用胶带将不同规格的花泥塑料托盘粘接在一起，制作成一个长长的中心桌花基座。
② 先将3个塑料托盘粘接在一起形成一个整体，再将另外2个塑料托盘粘贴在其侧上方，打造出一个具有层次感的桌花基座。
③ 用粉色毛毡粘贴在塑料托盘的外表面，将托盘遮挡、装饰。
④ 将黄麻布胶带剪成长度不同的小块。
⑤ 将这些小胶带块粘贴在基座的底部，两边分别留出长度相同的胶带。
⑥ 用包纸铁丝将黄麻布胶带扎在一起。胶带末端留出，让其随意垂下。
⑦ 将花泥放入托盘容器中，用鲜花将其装扮漂亮。
⑧ 最后，在作品中加入一些蛋壳和可爱的小羽毛。

难度等级：★★☆☆☆

盛夏大餐、阳光、沙滩

花艺设计 / 安尼克·梅尔藤斯

材料 Flowers & Equipments

白色绣球、白色蝴蝶兰

桌花设计花艺瓶（带花泥）、白色黄麻棒、竹蛏、鲜花营养管、花艺刀

步骤 How to make

① 将黄麻棒粘在花艺瓶的底部。将竹蛏围绕着花艺瓶外表面粘贴一圈，凸起部位朝外。

② 轻轻地将白色绣球花枝插入花艺瓶中湿润的花泥里，并将蝴蝶兰花枝插入鲜花营养管中。

难度等级：★★★☆☆

为夏季干杯

花艺设计 / 夏洛特·巴塞洛姆

材料 Flowers & Equipments

黄栌、康乃馨、大丽花、玫瑰、玫瑰果枝条、旋花卷须
方形聚苯乙烯树脂块、线锯、塑料圆形带花泥托盘、橙色藤条、橙色纸板、热熔胶、细铜丝

步骤 How to make

① 取一块方形聚苯乙烯树脂块，用线锯在上面切割出一个圆形孔。孔的直径与带有花泥的圆形托盘直径相同。
② 将塑料花泥托盘塞入切好的圆孔中。
③ 将橙色纸板粘到聚苯乙烯树脂块上。
④ 将橙色藤条一根挨一根紧密地粘在聚苯乙烯树脂块上，将藤条微微折弯，另一端粘在塑料托盘上。
⑤ 将鲜花和卷须插放在花泥上。然后用玫瑰果枝条制作一个美丽的花环，将其轻放在插好的花朵上。

难度等级：★★★☆☆

耀眼的金色餐桌

花艺设计 / 夏洛特·巴塞洛姆

材料 *Flowers & Equipments*

菊花、万带兰、柠檬
方形聚苯乙烯树脂块、砖形花泥、保鲜薄膜、花艺专用胶带、白色干燥圆叶尤加利、透明胶带、热熔胶、羊毛线

步骤 *How to make*

插花步骤
① 用保鲜薄膜和胶带将花泥砖包起来。
② 用宽胶带将其固定在聚苯乙烯树脂方块上,确保方块形状稳定。
③ 将白色干燥圆叶尤加利切成小方块,然后粘贴在方块表面。
④ 依次将菊花插在花泥上,四周粘贴的干燥圆叶尤加利块的高度应恰好能将露出的花泥遮挡。

柠檬摆件以及竖立的万带兰小瓶花的制作方法
① 取一个方形小木块,在上面钻一个小洞,洞的大小可以允许一根包裹着羊毛的铁丝插进去。
② 将切成小方块的白色干燥圆叶尤加利片粘贴在木架上。
③ 将铁丝弯折成想要的形状。

明媚欢快的儿童聚会

花艺设计 / 安尼克·梅尔藤斯

孩子们的聚会少不了美味的甜品,淡雅的蓝紫色花朵让夏日里的甜更多了一丝清凉。

难度等级：★☆☆☆☆

材料 *Flowers & Equipments*

蓝色系列绣球花、蓝盆花、马鞭草、桑皮纤维

深浅不一的淡紫 - 蓝色色调的纸袋、沙子、鲜花营养管、大号粗铁丝

步骤 *How to make*

① 取几只深浅不一的淡紫及蓝色色调的纸袋，在袋子里装满沙子。
② 在沙子中塞入多只鲜花营养管。
③ 将花形各异的蓝色绣球、天蓝色蓝盆花以及马鞭草等插入营养管中。
④ 用大号粗铁丝弯折成心形饰物，并用桑皮纤维将铁丝缠绕包裹，插入纸袋中，尤为妙趣横生。

阳光明媚的生日聚会

花艺设计 / 夏洛特·巴塞洛姆

闺蜜们把生日聚会开在乡村农场，麦草、小溪、树林……自然环绕中尽情玩乐吧！

难度等级：★★★☆☆

架构桌花

步骤 *How to make*

① 在绝缘板上切出一个长条状凹槽，并用一些小薄树皮片覆盖。
② 在底座上钻几个大洞。
③ 将带有叶片的玉米秸秆插入洞中。
④ 在玉米秸秆之间的洞中插入玻璃鲜花营养管。
⑤ 最后，在底座上的洞口处点缀上一些拉菲草，将拉菲草环绕在营养管或玉米秆的四周，上下也放一点。
⑥ 用鲜花装饰架构。

材料 *Flowers & Equipments*
玉米秸秆、黍、蓝盆花、飞燕草、
铁线莲、百日草
绝缘板、线锯、薄树皮、电钻、热熔胶、
玻璃鲜花营养管、拉菲草

fleurcreatif | 077

材料 *Flowers & Equipments*

露兜树叶片、玫瑰、康乃馨、百日草、铁线莲、熊耳草、小号聚苯乙烯泡沫塑料半球体、小麦穗、长木棍、热熔胶、卷轴铁丝、花艺专用胶带、绳子

难度等级：★★★☆☆

小麦花束

花艺设计 / 夏洛特·巴塞洛姆

步骤 How to make

① 将半球体的顶部切掉，为花束打造出适宜的花托。
② 用干露兜树叶片粘贴在球体外表面。
③ 将小麦穗一支接一支地沿半球体花托的内外边沿粘贴。
④ 将2根长木棒，交叉摆放，并固定在花托中。
⑤ 取一段卷轴铁丝在两根木棍的交叉处缠绕几圈，绑扎紧实。
⑥ 制作一束可爱迷人的夏日花束放入花托内，并用黄麻绳系好。

小贴士：最后，可以将一些露兜树叶片粘贴在位于花托下部的小木棍表面。

难度等级：★★★☆☆

别致拉花

花艺设计 / 夏洛特·巴塞洛姆

材料 Flowers & Equipments

露兜树叶片、芭蕉叶、玫瑰、康乃馨、百日草、铁线莲
大小不一的各种方形聚苯乙烯泡沫塑料块、各种颜色的毛毡、硬纸板、热熔胶、铝线、卷轴铁丝、花泥、塑料薄膜

步骤 How to make

① 用聚苯乙烯泡沫塑料制作出尺寸各不相同的正方形方块。每个方块的外侧边分别用不同颜色的毛毡装饰，平整的正面粘贴上一块树皮或硬纸板。每一个方块的颜色和式样都各不相同。

② 用铝线制成一个小挂钩，并塞进装饰好的聚苯乙烯泡沫塑料小方块中，用热熔胶粘牢固定。

③ 取一块面积较大的聚苯乙烯泡沫塑料块，从中间挖出一个正方形空洞。

④ 将花泥切割出一块三角形，用塑料薄膜包裹好，然后将其放在刚挖出的方形小空洞的底边。

⑤ 用胶带将花泥粘牢固定。

⑥ 与装饰其他方块一样，用毛毡和树皮将这个方形小空洞的四边装饰一番。

⑦ 用卷轴铁丝穿过每个方块上粘贴的小挂钩将所有方块串连起来。形色各异的小方块向人们呈现出了一个多姿多彩的世界。

⑧ 从鲜花装饰大方块。

难度等级：★★☆☆☆

一钓垂于繁花边

花艺设计 / 夏洛特·巴塞洛姆

材料 Flowers & Equipments

玫瑰、康乃馨、百日草、绣球、蓝盆花、乳香黄连木
聚苯乙烯泡沫塑料圆环、硬纸板、毛毡条、小号圆形玻璃花瓶、沙子、热熔胶、喷胶

步骤 How to make

① 将不同颜色的毛毡和硬纸板裁切成条状。
② 将这些五颜六色的细条交替、垂直地粘贴在圆环的外表面。毋庸置疑，选用长度各不相同的细条装饰圆环周边，可以完美地呈现出错落有致的视觉效果，确保这些细条的顶边高于圆环的顶端。
③ 在制作好的这顶花冠内侧粘贴一圈硬纸板。
④ 将沙子倒在花冠内，应洒在两圈硬纸板顶边之间的位置，可事先喷一层胶水，以免沙子脱落。
⑤ 制作一束漂亮迷人的手棒花束，并放入准备好的圆形花瓶中。这瓶美丽的鲜花可以放置在制作好的花冠形花环的中央。

难度等级：★★☆☆☆

夏花正灿烂

花艺设计 / 斯汀·西玛耶斯

材料 *Flowers & Equipments*

全缘叶金光菊、玫瑰、向日葵、欧洲花楸、海棠、欧洲荚蒾、葡萄、木桩
花泥、花泥碗

步骤 *How to make*

① 将花泥碗固定在木桩前部
② 将各式鲜花插入容器内的花泥中，花材插放应依据木桩造型，越自然越好；用挂满浆果和水果的枝条填满各个小空隙。

难度等级：★★★☆☆

独享旱金莲

花艺设计 / 斯汀·西玛耶斯

材料 *Flowers & Equipments*

万带兰、五裂叶旱金莲、情人泪、浮萍、松树皮、木贼
花泥、玻璃碗、细铁丝网、木工胶、胶枪、胶带

步骤 How to make

① 用胶带缠绕玻璃碗,并在外表面粘贴上松树皮。
② 将花泥放入碗中,直接将木贼插入花泥中。
③ 在木贼丛顶部放上一片圆形细铁丝网并固定好。
④ 为了让整个架构更坚固稳定,可以取几根木棍,用木工胶浸泡后,再插入花泥中。
⑤ 静置晾干,然后再系上小试管,并插入鲜花。最后点缀一些浮萍,作品完成。

难度等级：★☆☆☆☆

让我们开启聚会吧

花艺设计 / 安尼克·梅尔藤斯

步骤 *How to make*

① 在木块中心钻一个孔，然后插入金属棒。
② 把冰淇淋蛋卷筒粘在一起，然后将它们从上向下滑过金属棒放置。
③ 在彩色花泥球上喷涂上胶水，然后把它们放在装有彩色糖珠的碗里滚一下。
④ 用牙签将花泥球串在一起，做成一个巨大的冰激凌。最后在花泥球上插放鲜花。

小贴士：可以用吸管制作迷你鲜花营养管，用晾衣夹夹住小吸管的底部，然后注入液体石蜡。待石蜡凝固后，取下晾衣夹，防水的营养管就制作好了。

材料 *Flowers & Equipments*

金槌花、菊花

木块、金属棒、蛋卷筒、彩色球形花泥、彩色糖珠、冷固胶、吸管、晾衣夹、石蜡、牙签

夏日里的生日聚会

花艺设计 / 夏洛特·巴塞洛姆

女孩喜欢粉色的花儿，将她的生日布置成粉色的格调，让她在夏日里做一次美丽的花公主。

难度等级：★★☆☆☆

杯状蛋糕桌花

花艺设计 / 夏洛特·巴塞洛姆

材料 *Flowers & Equipments*

满天星、绣球、康乃馨、玫瑰和簇状花瓣玫瑰

环状花泥、纸板条、绳子、毛毡、热熔胶、蜡烛罐。

步骤 *How to make*

① 在花冠状花泥的内外侧塑料边沿上各粘贴一条粉色的毛毡条。
② 将纸板裁剪成一个与花环外圈周长大小相同的纸板条。
③ 将纸板条用绳子缠绕包裹，然后用胶水将纸板条两端粘在一起，成一个圆圈，然后将其环绕着花环外圈固定住，纸板圈顶部应正好接触到毛毡条。
④ 将各式花材插入花泥中。
⑤ 将蜡烛罐放在花环中。多做几组，在餐桌上布置排列。

材料 *Flowers & Equipments*

露兜树叶片、观赏草、绣球、玫瑰、满天星、康乃馨
5个聚苯乙烯蛋糕块、胶带、热熔胶、蛋糕形花泥、塑料薄膜、绑扎带、双面胶

难度等级：★★★★☆

迎宾花柱

花艺设计 / 夏洛特·巴塞洛姆

步骤 *How to make*

① 用胶带将聚苯乙烯蛋糕块绑在一起。
② 用露兜树叶片将蛋糕柱外表面覆盖，用胶水粘贴牢固，然后在顶部切割出充足的空间，以用来放置花泥。
③ 将双面胶粘贴在顶端边缘，留出想要的足够高度。
④ 将观赏草粘贴在双面胶上。
⑤ 用塑料布包裹住蛋糕形花泥，并用胶带绑扎固定，以免塑料布滑落。
⑥ 将包好的花泥块放入蛋糕柱顶部空间。
⑦ 插入各色鲜花。
⑧ 用绑扎带将观赏草扎成束，然后将它们插入花朵之间的花泥中。

难度等级：★☆☆☆☆

下午茶

花艺设计 / 夏洛特·巴塞洛姆

材料 *Flowers & Equipments*

玫瑰、燕麦、康乃馨
软木条、花泥瓶、胶带、热熔胶

步骤 *How to make*

① 将软木条裁切成大小不一的长条状。
② 将软木条围在花泥瓶外，随意卷几圈。
③ 将鲜花插入花泥中。

夏日餐宴

花艺设计 / 丽塔·范·甘斯贝克

老朋友们聚在一起,分享色彩缤纷的餐宴。

难度等级：★★☆☆☆

材料 Flowers & Equipments
非洲菊、樱桃番茄、草莓、醋栗、红莓、干草
一块塑料薄膜、花泥、卷轴铁丝、彩色棉线、U形钉

步骤 How to make

① 用卷轴铁丝（2~3m 长）将干草捆扎成香肠状。
② 在干草捆上每隔一段距离用色彩各异的棉线缠绕几圈。
③ 将长长的香肠状干草捆盘绕并让其呈螺旋上升状，每隔 3cm 用 U 形钉固定，打造成一只别致的大花篮。
④ 在篮子底部铺一层塑料薄膜，然后塞满花泥。
⑤ 将非洲菊插入花泥中。

难度等级：★☆☆☆☆

鲜花和水果——完美的派对礼物

花艺设计 / 夏洛特·巴塞洛姆

材料 Flowers & Equipments

新西兰麻、观赏苹果、橡树叶、干棕榈叶、干树枝

定位针、聚苯乙烯圆环、花艺木签、热熔胶、包纸金属线、羊毛毡

步骤 How to make

① 用新西兰麻的叶片编制成穗带，两端用包纸金属线固定以免散开。
② 用热熔胶将干叶片粘贴在聚苯乙烯圆环的四周及中央。
③ 然后用定位针将编制好的穗带钉在花环上。
④ 将花环的顶部用羊毛毡覆盖，然后用木签将观赏苹果一颗一颗固定在上面。
⑤ 最后，可以将干树枝和橡树叶点缀在观赏苹果之间，并用热熔胶或定位针将它们固定好，将花环挂在门口的墙壁上，完成作品。

难度等级：★★☆☆☆

方形桌花

花艺设计 / 夏洛特·巴塞洛姆

步骤 *How to make*

① 在方形聚苯乙烯块上切开一个圆形的孔洞，以便能够放入插花花泥。
② 用热熔胶将树皮条粘在基座四周。
③ 将玻璃烛台插入聚苯乙烯块中。
④ 装饰摆放好花泥的基座，用热熔胶将干果粘在花泥四周。确保将花泥表面完全覆盖住。
⑤ 开始插花，将鲜花直接插入花泥中。

材料 *Flowers & Equipments*

芭蕉树树皮、白桦树树皮、扁柏、万带兰、马蹄莲、北美冬青、康乃馨、鸡冠花、橡树叶
方形聚苯乙烯块、热熔胶、塑料水果盘、玻璃烛台、花泥

难度等级：★★★☆☆

鲜花和苹果融合桌花

花艺设计 / 夏洛特·巴塞洛姆

材料 Flowers & Equipments

三桠木、观赏苹果、万带兰、绣球、月季、玫瑰果、金丝桃、石竹纱线、块状花泥、透明塑料薄膜、花艺胶带、冷固胶、银色铁丝

步骤 How to make

① 从砖形花泥上切下3小块方形花泥。
② 将塑料薄膜覆在上面,并用胶带将薄膜固定。
③ 装饰方形花泥,将干橡树叶粘贴覆盖在每块小花泥表面。
④ 将装饰好的3小块方形花泥等距离排成一排,然后将红色三桠木贴着小块花泥摆放好。
⑤ 用纱线将架构包裹住。
⑥ 开始插花,将花材直接插入花泥中。
⑦ 最后,点缀上由观赏苹果制成的小花环,整件作品完成。

噼啪作响炉火旁的惬意时光

花艺设计 / 夏洛特·巴塞洛姆

秋意浓，窗外秋风瑟瑟、屋内炉火噼啪，红色的花朵与火光将家人们的脸庞染上幸福的红晕。

难度等级：★★☆☆☆

圆形架构桌花

花艺设计／夏洛特·巴塞洛姆

材料 *Flowers & Equipments*

月季、大丽花、万带兰、桑树树皮、三桠木
大号聚苯乙烯半球体、拉菲草、纱线、玻璃鲜花营养管、细铁丝、热熔胶

步骤 *How to make*

① 切掉半球体的顶部，这样就得到了一个圆环。
② 将拉菲草、纱线以及条状桑树树皮缠绕在圆环上，完全覆盖住整个圆环。
③ 在圆环中部插入三桠木。
④ 用红色铁丝将玻璃鲜花营养管固定住。
⑤ 用干树枝制成一个花环，自然随意地悬挂在小水管之间，作为鲜花的支撑基座。
⑥ 用鲜花装饰圆环，美丽的花环制作完成。

难度等级：★★★☆☆

迷你花环

花艺设计 / 夏洛特·巴塞洛姆

步骤 *How to make*

① 用桑树皮来装饰各个不同规格的金属线环，用这些薄的条形树皮将圆环四周包裹住，再用热熔胶将它们粘合牢固。
② 用线锯在绝缘板上切割出一个圆洞。然后用扁藤条将其覆盖住，可以用胶枪将材料粘在一起。
③ 花环制作：用金属线和胶带制作口袋形插花容器，然后将其粘合固定在一个金属线环上。将橡树叶覆盖在口袋形容器外表面，用冷固胶粘牢。在容器内铺上一层塑料薄膜作为内衬，然后再放入插花花泥。将鲜花直接插在花泥上。
④ 用红色金属线将制作好的花环串联在一起，一个优雅精致的花环挂饰完美呈现。

材料 *Flowers & Equipments*
月季、万带兰、大丽花、菊花、绣球、干橡树叶、桑树树皮
金属线环、绝缘板、金属丝、花艺胶带、热熔胶、线锯、冷固胶、扁藤条、砖形花泥、透明塑料薄膜、红色细铁丝、洋兰专用鲜花营养管

难度等级：★★☆☆☆

蘑菇窝中的玫瑰和浆果

材料 *Flowers & Equipments*
北美冬青、酸浆、玫瑰、蘑菇条
胶带、卷状铁丝、平沿碗、胶枪

花艺设计 / 汤姆·德·豪威尔

步骤 *How to make*

① 取一段卷状铁丝，长度略短于蘑菇条的长度。
② 按图所示在铁丝两端贴上胶带，这样可以防止在操作过程中铁丝穿透蘑菇条。
③ 用胶枪将两片蘑菇粘在一起，然后用胶带将卷状铁丝夹在中间。
④ 用胶枪将处理好的蘑菇片粘在碗的边沿处，只粘一个点即可。
⑤ 将粘贴好的蘑菇片弯折成理想的形状。
⑥ 在碗中放入花泥。
⑦ 插入北美冬青枝条和玫瑰，注意高度错落有致。
⑧ 最后点缀上一些小浆果和酸浆果，同时也是为了将花泥遮掩起来。

难度等级：★★★☆☆

南瓜节日造景

花艺设计 / 汤姆·德·豪威尔

材料 *Flowers & Equipments*

南瓜、酸浆、蝴蝶兰、海棠果
柔性钢丝绳、毛线、软木、塑料尖头鲜花营养管、古塔胶、喷漆、胶带、卷状铁丝

步骤 How to make

① 取 3 根长 80cm 的钢丝绳，将其并排放在一起，并将前 15cm 长的地方用胶带绑扎结实。
② 将每根钢丝绳略微弯曲，分出 3 个支臂，然后用双色毛线将每根钢丝绳缠绕起来。
③ 在位于底部的 3 根钢丝粘在一起的地方，留出 3~4cm 长的毛线，不用缠绕。
④ 将钢丝绳弯折成你想要的形状。
⑤ 将未缠绕毛线的那段钢丝绳插入南瓜茎中。
⑥ 重复步骤 1 至 5，按自己的设计方案中需要的造景数量，继续制作出更多的钢丝绳造型。
⑦ 将塑料尖头鲜花营养管的外表面包上一层古塔胶。
⑧ 喷涂上想要的颜色。
⑨ 用卷状铁丝将涂好色的尖头营养管系在钢丝绳上。
⑩ 在水管中注入水，然后插入蝴蝶兰。
⑪ 最后点缀一些小摆件，以及酸浆果，整件作品完成。

材料 Flowers & Equipments

树枝、欧洲山毛榉保鲜枝条、万带兰

冷固胶、胶枪、带有插针的基座

难度等级：★★☆☆☆

秋色叶树状桌花

花艺设计 / 斯汀·西玛耶斯

步骤 *How to make*

① 在木质茎干下方钻一个小孔，然后将基座上的插针压入小孔中，这样树桩和基座就连接在一起了。
② 用胶枪将植物叶片粘贴到树枝上，打造出一株小树。
③ 用冷固胶将万带兰花朵粘贴在树叶之间。

难度等级：★★☆☆☆

户外篝火晚会桌花

花艺设计 / 斯汀·西玛耶斯

材料 *Flowers & Equipments*

玫瑰

棕褐色的意大利细面条、纺织品固化剂、小号玻璃花瓶、橡皮圈、根据需要准备一些喷漆

步骤 *How to make*

① 将意大利细面条围绕花瓶放置，并用橡皮筋扎紧固定位置。
② 在面条表面擦上纺织品固化剂并晾干。去掉橡皮筋。
③ 将花材插入花瓶中。

小贴士：也可以在面条表面喷上一层喷漆，使其具有更好的防水性。

难度等级：★★☆☆☆

秋季欢迎你

花艺设计 / 安尼克·梅尔藤斯

步骤 *How to make*

① 将鳞叶菊小盆栽从底部剪下 2~3cm 厚的一层。用 U 形钉将植物固定在聚苯乙烯半球体的两侧。
② 用刷子在上面涂抹一层壁纸胶，这样可以确保植物牢牢地固定在原位。
③ 在半球体的顶部放置几只兰花专用鲜花营养管，插入万带兰花朵。可以用 U 形钉将一些酸浆果固定在水管周围，这样就可以将水管遮盖住了。

材料 *Flowers & Equipments*

酸浆果、鳞叶菊小盆栽、万带兰、聚苯乙烯半球体、兰花专用鲜花营养管、U 形钉、壁纸胶

摆满水果的餐桌

花艺设计 / 安尼克·梅尔藤斯

秋日的水果种类繁多,浆果、坚果、瓜果纷纷成熟,餐果上的桌花也用水果装点一新。

难度等级：★★★☆☆

水果桌花制作

花艺设计 / 安尼克·梅尔藤斯

材料 *Flowers & Equipments*

海棠果、玫瑰果枝条、坚果、空心树皮卷
聚氨酯泡沫、细绳、细铁丝、钳子、U形钉、藤条

步骤 *How to make*

① 戴上手套将聚氨酯泡沫喷涂在树皮卷中间的空间，静置2个小时晾干。
   小贴士： 可以利用这段时间烤美味的馅饼。
② 在已经变硬的聚氨酯泡沫上放置苔藓并固定好。
③ 将细铁丝插入泡沫中。
④ 将藤条绕着细铁丝穿插缠绕。
⑤ 将玫瑰果枝条朝下插放在苔藓上，然后用胶将海棠果以及一些坚果粘贴在树皮上。为了让玫瑰果枝条保持最佳的位置和形态，可以用细绳沿着海棠果的茎柄打个结系好。

难度等级：★★★☆☆

苹果与老鼠的蛋糕

花艺设计 / 安尼克·梅尔藤斯

材料 *Flowers & Equipments*

小苹果
石蜡、拇指饼干、聚苯乙烯锥形块、黄麻、定位针

步骤 *How to make*

① 将黄麻粘在聚苯乙烯锥形块上。
② 用定位针将拇指饼干钉在基座外表面。
③ 用绳子绕几圈并打结系紧，然后再用定位针固定好。
④ 在饼干外表面涂上一层石蜡，这样饼干就会更坚硬牢固。最后加上几只海棠果作为点睛之笔，然后放上一只发现了如此美味的小老鼠，让作品更富有趣味性。

难度等级：★☆☆☆☆

躲猫猫

花艺设计 / 安尼克·梅尔藤斯

材料 Flowers & Equipments
非洲菊、尤加利叶（彩叶型）
花瓶

步骤 How to make

用暖色系各色非洲菊和彩色尤加利叶填满这些漂亮可爱的小花瓶。

fleurcreatif | 129

秋日欢聚

花艺设计 / 夏洛特·巴塞洛姆

红砖的粗朴与木家具相得益彰，取自室外的枯枝与玫瑰配合，更增添了屋内的暖意。

难度等级：★★★★★

绚丽的灌木丛桌花

花艺设计 / 夏洛特·巴塞洛姆

材料 *Flowers & Equipments*

桦树枝条、绣球、玫瑰、康乃馨、万带兰
2块形状不同的绝缘板（花环）、热熔胶、保鲜膜、
花艺专用胶带、花泥砖、毛毡、定位针

步骤 *How to make*

① 将每块环形绝缘板的底端去掉，然后用胶将它们粘在一起，作为花艺底座。
② 在底座上放入几块花泥，并用胶带粘牢固定。
③ 除了放在顶部的花泥，整个底座的其他部分也需用保鲜薄膜包裹。
④ 用胶将毛毡条粘贴在底座四周。
⑤ 用定位针将桦树枝条固定在底座上。
⑥ 确保定位针放置高度相同。
⑦ 插入花材。

难度等级：★☆☆☆☆

瓶子的循环再利用

花艺设计 / 夏洛特·巴塞洛姆

步骤 How to make

① 将2个花盆顶端对顶端叠放在一起，并用胶水粘牢固定。
② 用不同颜色的毛毡条和桑树皮将花盆顶端连接处装饰一番。
③ 将其中的一个花盆的盆底去掉，这样就制作出了一个花瓶。
④ 将沙子倒入制作好的花瓶中，以确保瓶子具有较好的稳定性。
⑤ 将大号尖头塑料鲜花营养管放入花瓶中，并塞进沙子里。
⑥ 插入鲜花。

图中较矮的花瓶制作原理相同
① 用胶水将一片毛毡粘贴在花盆顶端，然后将花盆倒扣放置。
② 将花盆盆底去掉，制成一个小花瓶。
③ 倒入沙子，再将尖头塑料营养管塞入沙子中。

材料 Flowers & Equipments

非洲菊、万带兰、绣球、桑树皮泥炭土花盆、不同颜色的小块毛毡条、热熔胶、沙子、大号尖头塑料鲜花营养管

材料 *Flowers & Equipments*

芭蕉树树皮、玫瑰、绣球、马蹄莲、万带兰

硬纸板、2个金属模具、金属丝、热熔胶、毛毡、2L空塑料水瓶、尖头洋兰管（尖头塑料鲜花营养管）

难度等级：★★★★★

漂浮的花束

花艺设计 / 夏洛特·巴塞洛姆

步骤 *How to make*

① 将2个金属模具连接在一起。
② 为了使架构更结实牢固，用硬纸板将其全部粘贴覆盖。
③ 装饰架构，用胶水将芭蕉树皮薄片粘贴在外表面。
④ 在架构上切出一个大洞，洞的直径应与塑料水瓶的直径相同。
⑤ 将水瓶的瓶底切掉，用一片毛毡包裹遮盖。
⑥ 将瓶子从洞口塞入，推进去的瓶身长约80%，并用金属丝和胶水固定。
⑦ 将瓶子的底部注入水，然后放入花泥块。
⑧ 插入鲜花。

难度等级：★★☆☆☆

超自然的场景

花艺设计 / 斯汀·西玛耶斯

材料 *Flowers & Equipments*
金盏花、海棠果、海枣、木贼、秋季落叶
2个手形雕塑

步骤 How to make

① 将2个手形雕塑固定在一块木板上,这样它们就能保持直立。
② 在木板上钻几个孔,大小以能够插入木贼草为宜,然后将木贼草一端插入孔中,另一端放置在雕塑的手指之间。
③ 将金盏花穿插放入搭设好的枝条架构之间。
④ 用秋季落叶覆盖在木板上,最后用海棠果和海枣装饰点缀。

精巧的桌面装饰

花艺设计 / 汤姆·德·豪威尔

桌面上粗犷的木块与精巧的桌面装饰形成有趣的对比。

难度等级：★★☆☆☆

秋韵花束

材料 *Flowers & Equipments*

玫瑰、椰壳纤维、欧洲山毛榉的紫红色叶片、欧洲七叶树果实（马栗子）
线绳、冷固胶、胶枪

步骤 *How to make*

① 用各色玫瑰花制作一个花束。
② 将椰子纤维包在花束四周，打造一个装饰性围边，用线绳固定。
③ 可以用胶枪每隔一段距离点一点儿胶水，将围边粘牢定型。
④ 用冷固胶将马栗子以及一些紫红色的欧洲山毛榉叶片粘贴在花束间，增添几分秋季韵味。

难度等级：★★☆☆☆

柔美桌花

材料 *Flowers & Equipments*

铁线莲、大花绣球
软木、古塔胶、花艺用卷状铁丝

步骤 *How to make*

① 从大花绣球的花头上剪下一些单枝小花朵。
② 取一段卷状铁丝，用古塔胶将其与小花朵的花茎连接在一起。
③ 在软木底座上切出非常小的切口，将连接着绣球小花朵的卷状铁丝末端插入切口中，保持铁丝呈直立状态。

童话般的餐桌

花艺设计 / 安尼克·梅尔藤斯

难度等级： ★☆☆☆☆

材料 *Flowers & Equipments*

菊花、美洲地榆、芒草
空果汁瓶、拉菲草、毛毡、壁纸胶、固体石蜡

步骤 *How to make*

① 将空果汁瓶瓶身的一半用拉菲草缠绕包裹并用胶水粘牢，另一半瓶身用毛毡条包裹。
② 然后在这些材料表面刷上石蜡。
③ 将菊花、美洲地榆和芒草插入瓶中。

难度等级：★☆☆☆☆

鲜花盛开的树洞

花艺设计 / 安·德斯梅特

材料 *Flowers & Equipments*

橙色菊花、斑叶玉蜀黍（草莓玉米）、石榴、常春藤、黄杨、苔藓、欧洲板栗
花泥、半个中空的造型树干

步骤 *How to make*

① 将花泥填入树干中。
② 用一些粗犷的能够展现出自然风格的植物元素来打造作品，例如草莓玉米、石榴、常春藤、黄杨枝条，苔藓和栗子等。
③ 加入几枝橙色菊花，为作品增添一些亮丽的色彩。

难度等级：★★★☆☆

秋日午餐

花艺设计 / 夏洛特·巴塞洛姆

材料 *Flowers & Equipments*

玫瑰和玫瑰果枝条、万带兰、康乃馨
薄木条、羊毛毡、热熔胶、3个桌花花泥碟

步骤 *How to make*

① 把一块毛毡条粘在桌花花泥碟的两侧，这样就将塑料托盘遮挡起来了。
② 用一条长毛毡条分别粘贴在3个花泥碟两侧，将它们依次连接在一起，这样就形成了一个长条形的花艺底座。
③ 将一些长度各异的小木条垂直插入底座两侧。
④ 插入鲜花，装饰底座。

红紫相伴的鲜花水果桌花

花艺设计 /夏洛特·巴塞洛姆

难度等级：★★★★☆

材料 Flowers & Equipments

玫瑰果、绣球、万带兰、葡萄藤、海棠果

细铁丝网、胶带、手工纸、花泥、纺织品硬化剂、染料、绑扎铁丝、粉色铁丝

步骤 How to make

① 将细铁丝网围成一个长筒形，留出一个宽大的开口。
② 用胶带将细铁丝网包起来。取几片手工纸，然后放入彩色纺织品硬化剂中浸泡，将纸片取出并铺在制作好的铁丝网长筒上。静置几个小时，晾干。
③ 将葡萄藤条聚拢在一起，制作成一个长长的外观漂亮迷人的造型，然后用绑扎铁丝将藤条捆绑在一起。
④ 在藤条造型上找准适宜的位置，将制作好的长筒形铁丝网正好楔入，摆放平稳，根据需要可用绑扎铁丝或胶水固定。
⑤ 确保铁丝网架构完全防水，可以作为插花容器，然后放入花泥。
⑥ 插入鲜花。
⑦ 最后，用海棠果制作一条拉花，搭放在花丛中。

圣诞派对

白色象征着圣诞的雪花,节日饰品与花朵共同扮靓了宽敞的客厅。

花艺设计 / 夏洛特·巴塞洛姆

难度等级：★☆☆☆☆

星星桌花

花艺设计 / 夏洛特·巴塞洛姆

步骤 *How to make*

① 将星形花泥浸湿。
② 用热熔胶将扁平的藤条一条条粘贴在星形花泥的木制框架的外表面。
   小贴士：将藤条裁切成不同长度的条块。
③ 将云杉叶片连同烛台一同插入星形花泥中，同时插入花毛茛以及插有蝴蝶兰的营养管。
④ 最后将海棠果枝条以及一些亮闪闪的小球点缀其间。
⑤ 洒上一些人造雪，整件作品完成。

材料 *Flowers & Equipments*

云杉、蝴蝶兰、花毛茛、海棠果、星形花泥、扁平的藤条、热熔胶、烛台（带有支撑脚的烛台）、兰花专用鲜花营养管、闪亮的带金属光泽的小球、人造雪

材料 Flowers & Equipments

竹节蓼、涂有金蜡的玫瑰果枝条、万带兰

树枝圆环、热熔胶、银色铁丝、粗铁丝、金色叶脉叶、圣诞主题小摆件、圣诞主题装饰物

难度等级：★☆☆☆☆

浪漫的壁挂花环

花艺设计 / 夏洛特·巴塞洛姆

步骤 How to make

① 用竹节蓼编织拉花。取一小束竹节蓼，在中间放置一根铁丝，然后用银色铁丝缠绕，重复这个操作。
② 将制作好的拉花弯折成想要的形状，然后放置在基座上，用铁丝绑紧固定。
③ 用胶将圣诞主题小摆件、金色叶脉叶、雪球以及其他装饰物粘牢固定。
④ 最后用胶将插有万带兰花朵的玻璃营养管粘牢，整件作品完成。

难度等级：★☆☆☆☆

玄关桌花——另类基督降临节花环

花艺设计 / 夏洛特·巴塞洛姆

材料 *Flowers & Equipments*

黑嚏根草、女贞浆果枝条、花毛茛、竹节蓼、经漂白的芭蕉树树皮、拱桥形聚苯乙烯块、玻璃烛台、热熔胶、金属丝、圣诞主题装饰物、银色铁丝、木制星形装饰物

步骤 *How to make*

① 用芭蕉树树皮条将整个拱桥形聚苯乙烯块缠绕起来，并用胶粘贴牢固。
② 将4只烛台插入聚苯乙烯底座上。
③ 用竹节蓼编织成拉花。取一小束竹节蓼，在中间放置一根金属丝，然后用一根银色铁丝缠绕，重复这个操作。
④ 拉花的形状可以自由设计，制作完成后将其一一摆放在桥形底座上，并用热熔胶粘牢固定。
⑤ 在花环丛中加入一些圣诞主题装饰物。
⑥ 将这些装饰物中注入水，然后插入鲜花。
⑦ 将星形装饰物和其他一些圣诞主题小摆件用胶粘贴在底座上以及拉花中。

节日晚餐装饰

花艺设计 / 斯汀·西玛耶斯

　　纯白轻盈的一组设计，让圣诞晚餐充满轻松愉悦的体验。

难度等级：★☆☆☆☆

双人晚餐节日桌花

花艺设计 / 斯汀·西玛耶斯

材料 *Flowers & Equipments*
东方嚏根草
圆形陶瓷容器、废旧木片、人造雪、花泥

步骤 *How to make*

① 用胶将一些小木片粘贴在陶瓷容器外表面。
② 喷上一层胶，并洒上一些人造雪。
③ 将花泥放置在容器中，并用人造雪细沫覆盖。
④ 插入嚏根草，并点缀上一些绿色的植物卷须，为作品增添几分灵动感。

难度等级：★★★☆☆

植物花灯

花艺设计 / 斯汀·西玛耶斯

材料 *Flowers & Equipments*

天使之翼（干燥翅果）、万带兰、芒草

铁环、小号水滴形 LED 灯、白色毛线、胶枪、人造雪

步骤 *How to make*

① 用白色毛线将整个铁环缠绕并编织成网状，打造出一个圆形架构。
② 在编织过程中将狼尾草的羽毛状的穗编织在整个架构中央的网状结构中。
③ 将天使之翼粘贴在小树枝上，使其尽可能多地遮盖住那些 LED 小灯泡。
④ 对整个架构喷涂一层胶，并撒上人造雪粉沫。最后用冷固胶将万带兰花朵粘贴在中间。

难度等级：★★☆☆☆

喜庆的圣诞色彩

花艺设计 / 安尼克·梅尔藤斯

材料 *Flowers & Equipments*
鸡冠花、红色玫瑰、玫瑰果枝条、
蘑菇
花泥

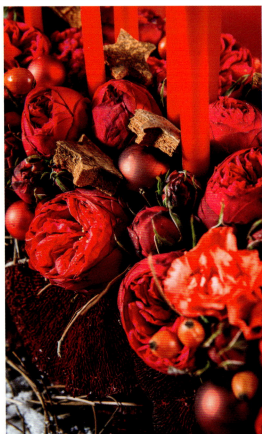

步骤 *How to make*

① 将这个餐桌花上的蘑菇弄得稍微湿润一点，这样就会有一些水自然流向花艺底座。
② 将花材插放在花泥上。

难度等级：★★☆☆☆

携花登门的访客

花艺设计 / 安尼克·梅尔藤斯

材料 *Flowers & Equipments*
银莲花、蘑菇
黄麻杆

步骤 *How to make*

将一个大朵蘑菇粘贴在黄麻杆上，然后再加入各色银莲花。

难度等级：★☆☆☆☆

一抹金色

花艺设计 / 安尼克·梅尔藤斯

材料 *Flowers & Equipments*
白色康乃馨、澳洲米花、涂有金蜡的海棠果蜜饯
皱纹纸、金线、各种金色配饰

步骤 How to make

① 将花瓶用皱纹纸包好,并用金线以及金色小配饰缠绕装饰。
② 将鲜花插满花瓶,并点缀上金色海棠果。

难度等级：★★☆☆☆

简即是美

花艺设计 / 安尼克·梅尔藤斯

材料 Flowers & Equipments

松树（金色松果球）、胡椒果枝条（大捆）
稻草编织的花环、古铜色的释迦果、螺丝钳、胶枪、金色蜡烛

步骤 *How to make*

① 用螺丝钳将胡椒果枝条拧在稻草花环上，然后将蜡烛均匀插放。
② 在胡椒果花环的顶端粘贴一圈金色松果。
③ 将古铜色的释迦果放入花环中央。

难度等级：★★☆☆☆

蓝绿色的圣诞节

花艺设计 / 夏洛特·巴塞洛姆

步骤 *How to make*

① 将各色毛毡裁剪成大小不一的小方块。
② 将它们分别粘贴在铝线两侧，制作出式样各异的拉花。
③ 在花泥四周插入小树枝。
④ 将各式花材插放在树枝间，直接将花枝插入花泥中。
⑤ 将毛毡块拉花搭放在插制好的各个小盆栽上，将它们彼此之间连接在一起。

材料 *Flowers & Equipments*

蝴蝶兰、玫瑰、康乃馨、玫瑰（浸过蜡油的玫瑰果）
漂亮的小花盆、花泥砖、铝线、各色毛毡、热熔胶、覆盖着人造雪的枝条

难度等级：★★★☆☆

花丛中的餐桌

花艺设计 / 鲁格·米利森

材料 *Flowers & Equipments*

表面呈天鹅绒质感的紫色和深绿色三桠木、尤加利、万带兰、马蹄莲、玫瑰、粉掌、菊花、松枝鲜花营养管、电钻、U形钉、胶带、花泥

步骤 *How to make*

① 将三桠木用U形钉直接固定到位于餐桌正上方的天花板上。你可以直接在天花板上扫孔，然后将这些枝材固定，也可以先在天花板上固定一块长木板，然后将这些枝材固定到这块木板上（这种操作的优点是只需要在天花板上钻2个洞即可）。确保这个架构能够覆盖整张桌子的长度，而且应具备良好的视觉通透，即悬挂起的枝材应高于客人落座后的高度（桌子两边的客人落座后应该能够看到彼此）。

② 将粉掌花茎插入鲜花营养管中，然后苞片朝下，倒挂于树枝之间。一定要将每枝粉掌单独悬挂在树枝之间，这样就不会太过抢眼。用同样的方法将万带兰花枝倒挂于树枝之间。

③ 将花泥放置在餐桌中间，正好位于这些悬垂下来的树枝的正下方，其长度与整张桌子等长。

④ 先插入尤加利叶枝条，然后再插入松枝。然后再用玫瑰、浆果枝条、马蹄莲以及菊花将整张餐桌装饰得多彩华丽。

小贴士： 桌布和餐具的颜色、纹饰应与整体色彩、装饰协调一致。

难度等级：★★★★☆

自然风格的节日晚餐

花艺设计 / 夏洛特·巴塞洛姆

材料 *Flowers & Equipments*

文竹、风信子、马蹄莲、玫瑰、白花虎眼万年青、噻根草、荷叶硬纸板、塑料薄膜、胶带、粗铁丝、灰色/银色毛线、热熔胶、花泥

步骤 *How to make*

① 将硬纸板对折。
② 将花泥切成三角形，用塑料薄膜包裹好，放在折叠的纸板中间。
③ 用胶带将花泥与硬纸板定位、固定，再用宽胶带将它们缠绕在一起。
④ 用荷叶装饰底座，将叶片按相同的方向粘贴在纸板外。
⑤ 取2根粗铁丝，弯折成想要的形状，作为纸板底座的支撑脚。然后用羊毛线绳缠绕、装饰铁丝支脚。
⑥ 将文竹和鲜花插入花泥中。

难度等级：★★☆☆☆

闪烁发光的树

花艺设计 / 安尼克·梅尔藤斯

> **材料** Flowers & Equipments
> 干芒草、小段树干，上面插有一根小木棍
> 箔纸、使用电池供电的小彩灯、胶带、树皮制作的星形装饰品

步骤 How to make

① 用胶带将箔纸缠绕在小木棍子上。
② 将小彩灯围绕在箔纸周围。
③ 在灯链之间系上干芒草。
④ 最后，放上星形装饰物。

松果蛋糕

花艺设计／安尼克・梅尔藤斯

难度等级：★★☆☆☆

材料 *Flowers & Equipments*
松果球、诚实花角果、玫瑰、澳洲米花、满天星、冷杉、木百合花蕾
聚苯乙烯基座、胶枪、花泥盒、塑料薄膜

步骤 *How to make*

① 用胶枪将松果球粘贴在聚苯乙烯基座的四周。
② 将装饰好的聚苯乙烯基座放置在厚厚一层诚实花角果上。
③ 将花泥用塑料薄膜包裹好后放在聚苯乙烯基座上。
④ 插入各式花材。

飞雪如花落餐桌

花艺设计 / 夏洛特·巴塞洛姆

难度等级：★★★☆☆

材料 *Flowers & Equipments*

桑树皮、玫瑰、蝴蝶兰、常春藤、花毛茛
花泥板、毛毡、塑料薄膜、胶带、石蜡、人造雪喷剂、玻璃球、粗导线、漂亮可爱的圣诞小摆件、银色铁丝

步骤 *How to make*

① 剪切出一块方形花泥板，然后用手压紧。
② 用毛毡条粘贴在花泥板四周，装饰一下。
③ 用桑皮纸缠绕包裹铁丝。
④ 将野玫瑰枝条和用桑皮纸装饰后的铁丝一同插入花泥，塑造出优雅迷人的造型。
⑤ 将石蜡熔化，然后倒入热蜡液，营造出冬季冰天雪地的效果。
⑥ 在基座周围以及玻璃球上喷洒人造雪。
⑦ 将几只大玻璃球放置在用包裹着桑皮纸的铁丝打造出的支架上。
⑧ 用鲜花装饰玻璃球。

愉悦的烛光晚餐

花艺设计 / 尚塔尔·波斯特

难度等级：★★★★☆

> **材料** *Flowers & Equipments*
> 欧洲桤木、尼润石蒜、红色玫瑰、嘉兰木板、40cm 长的铁丝、100cm 长的铁丝、红蜡烛、绑扎线、各种规格的圣诞主题小摆件

步骤 *How to make*

① 用 7 根 40cm 长的铁丝和绑扎线制作烛台。将 7 根铁丝聚拢在一起，然后用绑扎线缠绕至 20cm 处，然后将铁丝分开，按蜡烛粗细形成一个托架，然后将蜡烛插入后继续用绑扎线将托架与蜡烛一起缠绕，直至达到 7 根铁丝顶端。
② 用电动螺丝枪将 100cm 长的铁丝用绑扎线缠绕。
③ 在木板上钻一些小孔。将制作好的烛台插入孔中。
④ 将之前缠绕并弯折过的长铁丝放置在烛台底部，并绑扎固定。
⑤ 接下来将桤木枝条与长铁丝相连，打造出架构。
⑥ 将准备好的一些小摆件粘在木板上，然后将水注入其中，再插入各式鲜花（玫瑰、嘉兰以及尼润石蒜）。

设计师介绍
Designer Introduction

夏洛特·巴塞洛姆（Charlotte Bartholomé）
charlottebartholome@hotmail.com

夏洛特·巴塞洛姆（Charlotte Bartholomé），曾在根特的绿色学院学习了一年，与多位知名老师一起学习，如：莫尼克·范登·贝尔赫（Moniek Vanden Berghe）、盖特·帕蒂（Geert Pattyn）、丽塔·范·甘斯贝克（Rita Van Gansbeke）和托马斯·布鲁因（Tomas De Bruyne）。之后参加了若干比赛，如：比利时国际花艺展（Fleuramour）。曾在比利时锦标赛上获得第四名，之后与同事苏伦·范·莱尔（Sören Van Laer）一起在欧洲花艺技能比赛（Euroskills）中获得金牌。5年前，她在家里开了店。几年来，夏洛特一直是 Fleur Creatif 的签约花艺师。

斯汀·西玛耶斯（Stijn Simaeys）
stijn.simaeys@skynet.be

比利时花艺大师，曾在世界各地进行花艺表演和做培训。在比利时国际花展中，参与了"庭院"和"教堂"项目的设计。曾参加过比利时根特国际花卉博览会、比利时"冬季时光"主题花展等，并多次获奖。是比利时《创意花艺》杂志的签约花艺师。

安尼克·梅尔藤斯（Annick Mertens）
annick.mertens100@hotmail.com

安尼克·梅尔藤斯（Annick Mertens）毕业于农学和园艺专业，2003年，她在比利时韦尔布罗克（Verrebroek）开设了自己的花店"Onverbloemd"，并在她位于比利时弗拉瑟讷（Vrasene）的家中，每月组织一次花艺研讨会。她认为在舒适的环境中分享经验和教授技术至关重要！冬季，学生们用柴火炉做饭，夏季，他们可以在安尼克自己的花园玫瑰园里切玫瑰。学校放假期间，安尼克为孩子们提供鲜花活动营。她还是 Fleur Creatif 花艺杂志的签约设计师，多次参加比利时国际花艺展（Fleuramour）等花艺展会。

汤姆·德·豪威尔（Tom De Houwer）
tomdehouwer@icloud.com

比利时花艺大师，在世界各地进行花艺表演和授课。他想启发其他花艺师，发现与自己最真实的东西。先后参加了比利时"冬季时光"主题花展等展览……并在几本杂志上发表过文章。

菲利浦·巴斯（Philippe Bas）
info@philippebas.be

比利时花艺设计师，他和妻子在哈瑟尔特（比利时）经营一家花店和花艺工作室。他还是2011比利时国际花展"庭院"项目的设计师。2014年，他在日本花园举办了一场精彩的菊花展。

丽塔·范·甘斯贝克（Rita Van Gansbeke）
rita.vangansbeke@plantaardigbeschouwd.be

比利时花艺大师，她有自己的工作室，为花艺爱好者办培训、沙龙等，出版了几本书。

安·德斯梅特（Ann Desmet）
info@egelantier.be

安·德斯梅特（Ann Desmet）在比利时欧特根（Otegem）乡村的旧织布厂里拥有自己的花店和工作室"埃格兰蒂尔"（De Egelantier）。安的作品常为简洁、表义开门见山的插花。她的作品是有机的、自发的、没有过多的结构性思考。其作品（花艺装置和装饰品）常在大型的活动中展出，如：比利时国际花艺展（Fleuramour）、比利时"冬季时光"主题花展（Winter Moments）、根特园艺展（De Gentse Floraliën）等。

鲁格·米利森（Luc Milissen）
info@desfeermeester.be

比利时花卉设计师。吕克有自己的花艺工作室，主要做空间装饰和室内设计。在比利时国际花展上，他参与"庭院"项目的设计。

尚塔尔·波斯特（Chantal Post）
chantalpost@skynet.be

尚塔尔·波斯特（Chantal Post）是充满热情的比利时花艺师。她20年前通过传统学习开始从事花艺创作，然后移居荷兰攻读硕士学位，之后，她回到比利时创立了自己的公司，举办各种私人和专业花艺活动，参加了许多展览。5年前，她开始教授专业的花艺师，并做专业的花艺表示演。她真正热衷的是制作架构、雕塑并用鲜花装饰它们。尚塔尔非常喜欢精确而精致的作品，每一种材料和花朵都可以表达自己。她是温暖可亲、人见人爱的迷人女士。